La Crise Viticole

LE NORD ET LE MIDI

C. L. de Casamajor

La Crise Viticole

LE NORD ET LE MIDI

PAR

M. C. L. DE CASAMAJOR

PRIX : 1 exemplaire...... 0 fr. 60.
12 — ...... 6 fr. 50.
100 — ...... 48 fr. »

PARIS (VIe)
LIBRAIRIE DES SCIENCES AGRICOLES
CHARLES AMAT, ÉDITEUR,
11, rue de Mézières, 11

1907

LA CRISE VITICOLE

C'est là un sujet bien vaste.

Il est évidemment impossible de le traiter complètement, en peu de mots, dans son ensemble. Aussi, faudra-t-il nous contenter d'un exposé assez bref ; nous traiterons seulement les principaux points de la question.

Dans ce but, nous parlerons :

1° du vin naturel et du vin frauduleux, pour en établir clairement la différence et empêcher des erreurs involontaires ;

2° des causes de la misère dans le Midi ;

3° de la juste révolte des viticulteurs et de leur châtiment ;

4° de l'insuffisance de la loi de juin 1907 et de son injustice criante ;

5° des mesures à prendre.

6° des prévisions pour l'avenir.

Nous ajouterons, enfin, quelques observations.

CHAPITRE PREMIER

VIN NATUREL ET VIN FRAUDULEUX

Nécessité d'une définition. — Pourquoi le Midi et le Nord ne peuvent-ils pas s'entendre ? — Parce qu'on veut mettre à profit *une équivoque* provenant des termes employés.

Ici, comme pour toutes les difficultés qu'on doit sérieusement résoudre, il faut de la clarté dans les expressions. Il ne faut pas employer des termes amphibologiques, des mots à double sens ; il faut par conséquent **définir** ce qu'est *le vin naturel,* ce que sont les vins défectueux ou le **pseudoinos,** si l'on ne veut pas que ces derniers continuent à être vendus à la place du vin naturel.

LE VIN NATUREL *est celui qu'obtient le viticulteur par la fermentation du seul jus des raisins,* celui que prépare le récoltant consciencieux.

Le vin défectueux est celui qu'on obtient — ou par l'emploi du sucre et de l'eau, — ou par le mouillage, — ou par des matières chimiques et l'addition d'alcools méthyliques ; c'est celui que le commerce prépare fréquemment, et qu'il vend ensuite soit aux particuliers, soit aux débitants.

On doit suivre le vin naturel depuis son origine — et cette origine est chez le récoltant —

jusqu'à sa vente au consommateur : certain commerce est accusé de rechercher les vins défectueux et de les rendre potables ; mais aucun commerce honnête n'a jamais été accusé de rendre défectueux le bon vin.

La définition du *vin naturel* et celle des **vins défectueux** ou **frauduleux** doit passer dans la loi qui dès lors deviendra claire.

« Ne savez-vous pas, » disait l'autre jour M. Boudenoot au Sénat, « que le sucre — tous les médecins et hygiénistes l'ont reconnu — est un aliment des meilleurs et des plus sains ? un aliment énergétique au premier chef ? »

La vente du vin frauduleux. — Vendre du **pseudoinos** peut être légitime si celui qui le vend dit quelle est sa liqueur et si celui qui l'achète veut bien l'acquérir pour la consommer. Mais, vendre *le pseudoinos* sous le nom de vin, c'est tromper sciemment l'acheteur ; c'est empoisonner volontairement l'ouvrier ; c'est faire tout ce que l'hygiène sociale interdit d'une façon absolue ; c'est, d'une manière coupable et générale, semer le germe des maladies les plus dangereuses ; c'est préparer les redoutables conséquences de l'alcoolisme.

CHAPITRE II

CAUSES DE LA MISÈRE DANS LE MIDI

Le devoir du gouvernement. — La première préoccupation d'un bon gouvernement est la répression de la fraude. Or, nos gouvernants l'ont recherchée, l'ont poursuivie chez l'homme qui n'est pas au nombre de ceux qui dirigent leurs élections ; ils ont fermé, ils ferment d'une manière à peu près constante les yeux sur ceux qui les ont élus et dont les votes, comme l'influence, leur sont encore utiles ou même nécessaires. Ils veulent punir les viticulteurs qui sont les victimes de la fraude et ménager cette dernière ou même la favoriser chez les négociants, chez les débitants, qui en profitent, qui s'en servent pour s'enrichir aux dépens des malheureux vignerons : c'est l'effet produit par l'équivoque néfaste dont on se sert et que l'on permet, en autorisant la vente du **pseudoinos** sous le nom de vin.

Et pourquoi donc serait-il permis de vendre du *talc* comme du pain et sous le nom de pain ? Pourquoi le pharmacien pourrait-il servir du poison sous le nom donné à un bon médicament ?

Le gouvernement est-il bien dans son rôle et dans son devoir, quand les fraudeurs peuvent librement faire leurs manœuvres tout à fait contraires à la loi et à l'hygiène sociale, tandis que les viticulteurs réclament paisiblement le produit légitime de leur travail, de leur récolte, et la possibilité de ne pas mourir de faim ?

Le commerce consciencieux de Paris souffre beaucoup trop de la concurrence que lui font les très nombreux fabricants de tous les liquides appelés *boissons de ménage*. Ce sont là des boissons obtenues par la mise en fermentation de matières sucrées provenant de fruits divers, de figues et de raisins secs, de poires et de pommes tapées venues d'Amérique ou d'ailleurs ; dès lors, ces grandes quantités d'innommables boissons, complétées par leur mélange à des cidres ou à des vins plus ou moins naturels, sont jetées chaque jour sur le marché parisien, et livrées à la consommation.

Quel n'est donc pas le dommage que fait subir, au commerce honnête, la mise en vente de ces prétendues *boissons de ménage* pour la consommation ? de ces vins naturels ou avariés, guéris ou revivifiés par des procédés chimiques ?

Voici le relevé de la situation viticole, donné au début du mois de juillet pour le Roussillon, par *La Société agricole, scientifique et littéraire des Pyrénées-Orientales :*

*

Quantité de vin sortie de chez les récoltants des Pyrénées-Orientales pendant le mois de juin 1907......	172.943 hectol.
Sorties des 9 premiers mois.........	1.703.214 hectol.
Total des sorties pendant les dix mois..........................	1.876.157 hectol.
Stock commercial au 30 juin 1907..	276.272 hectol.

Et l'on va bientôt procéder à la nouvelle récolte !

Et pour vendre ce qui est sorti des caves, à quel prix vraiment TROP *minime* — et *bien inférieur* souvent au prix même de revient, — n'a-t-il pas fallu céder ce *vin naturel,* à cause de la concurrence faite par le *pseudoinos ?*

Aussi, M. Gauthier, sénateur de l'Aude, faisait-il, le 28 juin dernier, cette déclaration :

« Une crise pénible sévit dans nos départements méridionaux. Ceux de ces départements qui se trouvent éloignés des grands centres de production, sont ruinés par la mévente des vins. Nos vignerons succombent sous le poids des détresses qui s'accumulent depuis des années. *La fraude tue la production des vins naturels.* Elle désorganise le commerce de cette boisson. Les régions qui ont résisté jusqu'ici à l'invasion du mal, sont menacées à leur tour. »

D'autre part, le 26 juin, on pouvait lire ces lignes dans le *Journal des Débats :*

« Tout observateur impartial est conduit à penser qu'en dehors des fautes d'ordre général dont le cabinet actuel partage la responsabilité avec les ministres qui l'ont précédé, avec le régime dont il est l'expression, *il est comptable de certaines complaisances scandaleuses et de certaines inactions coupables. Il est enchaîné par les liens de la solidarité politique à* LA MAFFIA *qui traite le Midi en pays conquis.*

« La seule idée qui ne lui soit pas venue est de mettre la main au collet de certains gros barons de la fraude dont les uns se promènent en liberté, dont les autres — paraît-il — ont été par lui pourvus de mandats et de sinécures. Il doit y avoir, dans cet ordre d'idées, un effort à tenter. Que cet effort soit insuffisant, qu'il ne produise que des résultats passagers, qu'il doive être suivi de l'effort prodigieux qui consistera — à reprendre toute la politique française, — à y restaurer toutes les notions d'ordre, de justice, de probité, de hiérarchie sociale, — à extirper, d'une main forte et patiente, la semence de corruption et de mensonge qui ont empoisonné les champs de la démocratie, — c'est ce que nous ne songeons pas à contester. Mais il faut courir au plus pressé.

« Le plus pressé, c'est de montrer aux populations malheureuses du Midi que *le gouvernement est l'ennemi résolu de la fraude,* et *qu'aucune considération électorale ne peut l'empêcher de la combattre.* »

Idées de *M. É.* Rey, sénateur du Lot. — Il dit :

« L'Hérault et l'Aude nous font une concurrence acharnée. Il est difficile qu'il y ait chez nous surproduction : depuis l'invasion du phylloxéra, on a beaucoup moins planté ; sur nos coteaux pierreux, la reconstitution des vignes s'est mal faite. — Or, le vin est vendu aujourd'hui à un prix plus bas encore. Et la raison ? Elle est toute dans la concurrence que nous fait le Midi. Les Méridionaux se plaignent amèrement de la crise actuelle et je les plains aussi.

« Mais nous ne devons pas oublier qu'ils furent les premiers à trafiquer du vin. Je dirai même qu'en employant, les premiers, les méthodes de mouillage et de sucrage, ils contribuèrent et contribuent encore à nous créer une mauvaise concurrence et à nuire à l'écoulement de nos vins... »

Est-il bien vrai, M. le sénateur, que le propriétaire viticulteur du Midi se permette généralement de mouiller son vin ? Le remonte-t-il en alcool ? Y ajoute-il du sucre ?

On peut le dire sans doute pour quelques-uns d'entre eux.

« On a cité à plusieurs reprises, dit M. Boudenoot, des noms de fraudeurs, des noms de personnes qui les encouragent ou qui les protègent, de localités où on les a surpris, de tribunaux où on les a absous ou ménagés, et enfin de hauts fonctionnaires qu'on a disgraciés pour ce motif ; et tout cela s'est passé loin, bien loin de la région du Nord.

« M. le Ministre des finances lui-même n'a-t-il pas déclaré, à la Chambre des députés, que c'est à Capestang, dans le pays même où l'on proteste le plus vivement contre la fraude, qu'on a saisi, il y a quelques jours à peine, 440 hectolitres *de vin mouillé ?* Et des exemples de ce genre, on en pourrait citer des douzaines et peut-êtres des centaines ! »

Qu'il me soit permis, avant de répondre au fond même de cette question, de faire une observation à M. Boudenoot, de citer un fait qui en représente beaucoup d'autres absolument semblables. — En 1875, j'étais à Banyuls-sur-Mer, domicilié chez M. Coste, entre ce qu'on appelle *la Plage* et *la Rectorie.* Pendant les mois de septembre et d'octobre, un commerçant vint louer, dans la même maison, des appartements et une cave. Il acheta des raisins, en prépara une première fermentation, une deuxième avec du sucre, voire même une troisième ; il fit ce qu'il voulut et vendit ensuite l'excellent vin de Banyuls comme s'il était lui-même un propriétaire méridional, comme s'il donnait exclusivement le *vrai vin,* absolument pur, des meilleures vignes de Banyuls-sur-Mer. Il pouvait avec le produit de la seconde cuvée, additionné d'un parfum, expédier aussi du *vin de Bourgogne*.

Or, quel était ce commerçant ?

C'était un homme venu du Nord, par rapport au Roussillon ! C'était un Bourguignon !

On peut donc être surpris dans le Midi et cependant appartenir au Nord ! On peut donc, quoiqu'on y soit étranger, être dans le Midi et, par la fraude, empêcher en partie la vente du vin naturel du Roussillon (1) !

Poursuivons notre sujet.

Le Siècle du 5 juillet a pu écrire :

« On vient de satisfaire le comité de Capestang et de lui montrer que M. Caillaux n'avait rien exagéré, en lui

(1) Etait-il propriétaire du Midi, le sieur *Siméon* COURTHIAL, membre du Comité Mascuraud et chevalier de La Légion d'honneur, qui, sous le nom de *comte de* LIRAC, vendait, comme vin de Saint-Georges (Hérault), du vin provenant d'autres lieux et *du pseudoinos ?*

Le tribunal correctionnel de Montpellier l'a néanmoins condamné, le 19 juin dernier, à 500 francs d'amende, à 500 francs de dommages-intérêts, et à dix insertions dans les journaux, chacune de ces insertions ne pouvant coûter plus de 200 francs !

servant les procès-verbaux de saisie de 423 hectolitres 50 pratiquée chez les viticulteurs du canton et les distillateurs de Béziers, à la date du 17 juin 1907. Et l'administration ajoute que, depuis octobre 1903, il n'a pas été dressé moins de 140 procès-verbaux... »

Mais, ces affirmations-là sont-elles bien exactes ?

On peut l'assurer : ce ne *sont là que des exceptions :* la très grande majorité des propriétaires viticulteurs ne se permet point des opérations frauduleuses et fait tout son possible pour vendre sa récolte, pour en retirer le produit qui doit couvrir les nombreuses dépenses faites dans les vignes et lui procurer le pain de l'année !

Aussi, M. Bedouce a-t-il pu, le 28 juin, faire à la Chambre des députés ces justes déclarations :

« Le Midi est aussi français que le Nord et le Centre, aussi attaché à l'unité française. Mais il veut vivre, il veut aussi pouvoir manger son pain quotidien. Il demande simplement, au gouvernement de la France, de le protéger contre ceux qui le lui arrachent, contre les fraudeurs.

« Pourquoi les bourgeois, pourquoi les propriétaires ont-ils, dans le soulèvement méridional, fait cause commune avec l'ouvrier ? Pourquoi ce soulèvement a-t-il été si violent, si unanime ? Je vais vous le dire :

« Ces populations, ayant vu le bien-être leur sourire dans leur berceau, ont été surprises. Elles ont lutté contre le mal, d'abord par l'*hypothèque*, cette forme de la servitude. Puis, tout crédit ayant été épuisé, elles se sont trouvées en grande détresse au seuil de la déchéance sociale. De là, l'explosion du désespoir. Désespérées quand elles ont vu la misère entrer au foyer familial par le crime des fraudeurs, elles se sont indignées quand elles ont vu le gouvernement, qui avait favorisé leurs protestations et leurs meetings, s'élever contre elles... »

CHAPITRE III

LA RÉVOLTE ET LE CHATIMENT

Voici la pensée du colonel Marmet, suivant les termes de la touchante lettre qu'il a écrite, il y a quelques jours, à M. l'abbé Chavauty, ancien aumônier militaire :

« Le mouvement qui a soulevé les populations du Midi a une cause trop profonde et trop durable pour s'arrêter immédiatement. Le peuple s'est levé et a demandé du pain comme dans la parabole de l'Enfant prodigue. Mais il a reçu la réponse du mauvais riche. On a tourné sa misère en dérision et on lui a dit de passer son chemin. Tant qu'on n'aura pas soulagé sa misère, la pacification ne sera pas faite, et comme il le dit, le Midi luttera pour ne pas mourir de faim.

« Qu'on le comprenne : ce qui fait l'acuité de la crise, c'est qu'il ne s'agit pas d'un mouvement de révolte passager qu'on peut contenir par la force, mais de la lutte pour la vie d'un peuple qui ne veut pas mourir. »

Les viticulteurs, en effet, ne demandent qu'à observer la loi.

Mais, complètement ruinés, considérablement endettés, ils sont dans l'impossibilité de payer les impôts, voire même de manger leur pain de chaque jour sans accroître leurs dettes déjà très lourdes et trop cuisantes.

La fraude. — Tandis que, en 1906, on a consommé 70 millions d'hectolitres de vin dans la France (c'est le chiffre officiel), on y en a récolté seulement 56millions. Il ya donc eu cette année une chaptalisation de 14 millions d'hectolitres ; les négociants, par une fabrication frauduleuse, ont préparé 14 millions d'hectolitres de **pseudoinos** et ont vendu ce funeste liquide, *en lui donnant le nom de vin !*

Et la fraude s'élève beaucoup plus haut. Car, s'il y a de rares propriétaires qui aient préparé une faible quantité de vin par chaptalisation, que d'hectolitres de vin n'a-t-on pas dû boire sans qu'ils aient été inscrits par la régie ! Combien d'hectolitres n'a-t-on pas consommés, sans inscription officielle, — bien qu'ils fussent entièrement dus à des matières chimiques, — bien que les débitants eussent augmenté leurs approvisionnements par le mouillage !

Quand donc les viticulteurs voient les fraudeurs s'enrichir par le *pseudo-vin,* tandis qu'ils doivent garder le vrai vin dans leurs caves; quand ils se trouvent dans l'obligation de payer et les vignerons, et lès diverses fournitures indispensables au traitement des vignes ; quand ils considèrent les fraudeurs tout à fait libres et le gouvernement fermant les yeux sur leur conduite, tandis que les percepteurs réclament des impôts qui ne peuvent être payés ; quand ils s'aperçoivent que leurs plaintes sont vaines et que, s'étant endettés, ils ne peuvent plus se procurer le pain nécessaire à leur famille ; comment ne seraient-ils pas mécontents ? Comment ne chercheraient-ils pas le concours de leurs députés, celui de l'Etat ? Comment, devant le silence dédaigneux de l'autorité civile, ne seraient-ils pas amenés à une action ferme pour montrer leur grande misère et la nécessité de les secourir ?

Aussi croyons-nous bien faire, en empruntant à l'*Intermédiaire des chercheurs et curieux* (30 juin 1907) la **Marseillaise des Vignerons** ; mais nous nous permettons, pour la rendre plus conforme à la vérité d'une si regrettable situation, d'y apporter de toutes petites modifications dans les termes employés par l'auteur, **M. Paul Dubié.**

Paroles de M. *Jean* PACHET.

(Air de la Marseillaise.)

I

Allons, les enfants de la vigne,
Le jour de lutte est arrivé.
Contre nous, de la Fraude indigne
L'étendard affreux est levé *(bis)*
Entendez-vous, dans nos villages,
Retentir, contre ces forbans,
Le cri des braves paysans
Morts ou mourants de leurs affreux ravages.

REFRAIN

Hardi ! les vignerons !
Formez vos bataillons !
Marchez ! Marchons !
Que les fraudeurs soient tous mis en prison !

II

Nous pourrons jouir de la terre
Quand les Fraudeurs ne seront plus ;
Nous ne chasserons la misère,
Qu'en expulsant tous ces rebuts. *(bis)*
Entendez-vous là, dans la plaine,
Passer ces ignobles tonneaux,
Qui viennent, près de nos coteaux,
Rechercher la billette souveraine ?

(Refrain.)

III

O saint amour de notre vigne,
Conduis, soutiens nos chants vengeurs !
Egalité franche et si digne,
Combats avec tes défenseurs *(bis.)*
Sur nos coteaux, que ta victoire
Fasse fuir tous ces vils bandits
Qui nous ont mis — et nos Petits,
Et nos Femmes ! — dans la misère noire !

(Refrain.)

L'incohérence et trois appréciations. — *Le Petit Journal* (27 juin 1907) s'exprime très justement en ces termes :

« Dans le Midi, un magistrat déclare qu'il tient le gouvernement et laisse entendre qu'il a rendu des services dont certains fraudeurs de marque paraissent avoir bénéficié. Au même moment, la Chambre et le ministère affirment leur résolution d'en finir avec ces mêmes fraudeurs qui, jusqu'à ce jour, paraissent bien avoir été les grands électeurs du Midi, mais par suite de *l'incohérence* ambiante, on mobilise un corps d'armée contre les ennemis des fraudeurs ! On arrête les chefs d'un mouvement qu'on a favorisé pendant plusieurs semaines !

« Un jour, on assure aux manifestants des transports à prix très réduits ; le lendemain, on les sabre ! »

Il est facile de comprendre les sentiments exprimés par *La Croix méridionale,* 30 juin.

« Quand il s'agit, dit-elle, de sévir contre les viticulteurs, on sort tout l'arsenal des lois ; mais quand il s'agit des fraudeurs, gouvernement, magistrats, députés, tous font les aveugles et les sourds.

« Cela, tous les viticulteurs le savent.

« Alors ? — Alors, quand on a, pendant des années, crié sa misère à pleins poumons ; quand on a demandé secours à tous les gouvernements ; quand on a constaté que députés et sénateurs font leurs affaires et vous laissent crier ; quand, enfin, l'on meurt de faim et que cela menace de durer toujours, il ne reste plus qu'un parti : *la révolte !*

« Et c'est parce que le Midi a été réduit à cette extrémité qu'on nous fait assassiner !... Nous persistons à le croire : dans l'état actuel des choses, le Midi a eu raison de se révolter. S'il ne se fût pas révolté, la fraude l'aurait de plus en plus tué !...

« C'est *pour la vie que le Midi lutte ! Il est en état de légitime défense !* »

Telle est, en termes différents, la pensée de Mgr de Cabrières, l'éminent évêque de Montpellier. En voici les paroles :

« J'ai parcouru tout mon diocèse. J'ai interrogé tous mes prêtres. Tous, et dans les villes et dans les villages, ont été du même avis. Le calme renaîtra peut-être ; mais il restera toujours et pendant longtemps des dispositions haineuses, chez les victimes de la crise viticole, contre ceux qui n'ont point voulu entendre leurs cris de misère, qui n'ont point voulu leur tendre une main secourable dans leur détresse, qui ont feint de les ignorer jusqu'au jour où ils s'aperçurent que le Midi tout entier se levait, et que, des menaces, il passait aux actes, et qui, ce jour-là, n'hésitèrent point devant les répressions les plus terribles... La misère est partout, surtout chez les riches ; elle augmentera jusqu'au jour où les propriétaires, n'ayant plus d'argent, devront abandonner leurs terres, les laisser incultes et chasser les vignerons.

« Alors, que deviendront tous les ouvriers agricoles sans pain et sans abri ? Alors peut-être s'apercevra-t-on des fautes commises et du danger qu'on n'aura pas su conjurer. Mais il sera trop tard ! »

Comme on comprend ainsi la trop légitime indignation de M. Canitrot, le curé de Fontès, quand il a écrit ces lignes au Président du Conseil :

« ...Sans nous livrer à des voies de fait contre quiconque, dit-il, nous voulons demander et *nous demandons que nos législateurs n'autorisent plus la falsification du vin*. — Les idées politiques et religieuses étaient absentes en ce moment de la pensée de tous... Savez-vous bien ce qui me préoccupait personnellement ? Les cinq enfants en bas âge de mon ouvrier ! J'avais fait leur morceau de pain plus petit, il y a trois mois. Le cœur m'en était resté gros. Leur voix semblait crier famine.

« Si vous saviez, Monsieur, combien d'enfants d'ouvriers s'étiolent et succombent ici, victimes de la faim, vous écouteriez, d'une oreille plus favorable, nos légitimes revendications. Vous ne vous attarderiez pas à agiter le spectre de la réaction et du cléricalisme. Courant au plus pressé, vous nous enverriez du pain et non des fusils !... »

CHAPITRE IV

LA LOI DE JUIN 1907

Elle est inique, puisqu'elle favorise la fraude. — Elle accorde, en effet, « la surtaxe, absolument insuffisante, de 40 francs ; ce qui met les droits de *l'alcool sucre* exactement à la moitié des droits sur *l'alcool direct :*

1 fr. 10 au lieu de 2 fr. 20, par degré !

Car le prix du degré *alcool sucre* est formé :

Du prix du sucre :	0.25×1.700 =	0 fr. 425
et des droits de surtaxe........		1 fr. 10
il revient donc au plus à........		1 fr. 55
tandis que le prix du degré *alcool* sur les vins de liqueurs, — le seul autorisé par la loi. — revient à......	0.50+2.20 =	2 fr. 70

Telle est l'inique inégalité qui découle de la loi votée.

Autres faveurs accordées à la fraude et à l'étranger. — M. *Emile* Rey, sénateur du Lot, les dévoile en ces termes :

« La fraude ne s'en produira pas moins. Le sucre est bien taxé ; mais on tournera la difficulté, en n'en prenant que 24 kilogrammes et non 25, chez plusieurs commerçants à la fois, on évitera ainsi la surtaxe. On continuera à faire du vin de sucre à bon marché, puisqu'il se produit *à raison de soixante centimes* le degré alcoolique. — Cette production de vins artificiels continuera à maintenir la dépression des cours actuels et à nuire à la vente des vins naturels. »

La fraude, qui ne le voit ? la fraude est encore favorisée par la faculté qu'on donne d'expédier, et de livrer sans pièces de régie, toutes les quantités de sucre inférieures à 15 kilogrammes. Mais, on fera des colis de sucre pesant 14 kilogrammes, et on les expédiera, on les livrera à un même commerçant, qui après s'être entendu avec ses domestiques, ses ouvriers ou ses voisins, les leur fera expédier et livrer !...

Bien plus, *le vin exotique est favorisé*. S'il n'y a pas à redouter, en l'état actuel du vignoble français, que le vin se renchérisse et se mette hors de portée du plus humble consommateur, il y a lieu de craindre que ce renchérissement ne soit la conséquence finale de la ruine totale du producteur, ruine qui n'a pas encore produit tous ses effets : le consommateur, en effet, connaîtra le prix du vin exotique lorsque le vigneron français ruiné ne produira plus de vin.

Que faut-il donc ? — Que le prix de vente permette au producteur de vivre sur son sol !

Et n'est-il pas vraiment odieux de voir la sottise et l'acharnement de certains journaux quotidiens qui ont dénaturé le sens des revendications méridionales ?

Encore un avantage accordé aux fraudeurs. — Ainsi, demander que le vin soit un produit naturel, c'est formuler le programme de toute la viticulture honnête de la France.

On peut l'affirmer avec certitude, les régions représentées par les députés qui sont opposés à ce programme et ne les ont pas désavoués, se sont séparées elles-mêmes de la si juste cause du vin naturel et ainsi ont avoué la falsification de leurs produits.

Les fraudeurs poursuivent donc un double but : 1° relever le prix du vrai vin ; 2° continuer à profiter d'autant mieux par la fabrication cachée, par la vente trompeuse du *pseudoinos !*

C'est *pour ce motif* que, si le prix de la chaptalisation a diminué, la consommation familiale a été maintenue !

La lutte du Nord et du Midi. — *Que demande le Midi ?* — Les viticulteurs demandaient, avec la commission d'enquête, que l'alcool ajouté aux vins par le sucrage, payât les mêmes droits que l'alcool ajouté en nature pour les vins de liqueur, c'est-à-dire 2 fr. 50 par degré alcoolique, ce qui correspond à peu près à 130 francs par cent kilogrammes de sucre.

Il est évident qu'une élévation considérable du droit sur les *sucres de chaptalisation est une protection efficace contre les vins de sucre* de première et de deuxième cuvée ; que l'élévation même de cette surtaxe *excitera l'attention du fisc* et qu'il suffira pratiquement d'établir sérieusement la suite des sucres pour couper court à toute fraude en dépit de la peine que donne toute surtaxe. Le mal, ici comme pour l'alcool, porte avec lui son remède.

Que demandait le Nord ? — Il demandait *par compensation* **une détaxe** sur le droit de 25 francs que paient actuellement les sucres de consommation et de ménage. Cette détaxe avait le précieux avantage de sourire à tous les consommateurs et de rallier à la cause du Midi la masse flottante des parlementaires toujours heureux de voter une détaxe.

Qu'importe donc au Midi que l'écart, au lieu d'être de 105 francs par cent kilogrammes, soit de 110 ou de 120 francs ?

Le Midi n'a pas compris le Nord et a refusé la détaxe sur les sucres de consommation ; à son tour, le Nord a répondu au Midi en réduisant à 40 francs la surtaxe, devenue tout à fait insuffisante, sur les sucres destinés à la chaptalisation.

La consommation familiale. — C'est encore M. E. Rey, sénateur du Lot, que nous allons écouter.

« Vous me direz que l'on devra se borner à faire du vin pour *la consommation familiale*. Mais, grâce au système de la loi, cette *consommation familiale* nous échappe. Je ne crois donc pas que des moyens fiscaux puissent apporter un remède à la situation.

Ici encore, l'essentiel est de bien déterminer ce qu'on entend par *consommation familiale*. Pour nous, c'est la consommation faite par le propriétaire qui récolte et par sa famille, à lui : une telle consommation ne saurait prêter à de fâcheux abus, et l'on peut, après cette consommation, se servir de tout le *marc* de la récolte et en tirer un excellent alcool.

La piquette. — On voudrait mettre, au rang de la fraude, la fabrication de la piquette. Or, c'est la boisson ordinaire des vignerons et durant leur pénible travail sous les ardeurs du soleil, — et, au moment de leurs repas, sous l'ombre des arbres ; — c'est, pour le propriétaire, le moyen d'avoir *la petite quantité de vin* de seconde cuvée nécessaire pour la consommation de sa famille, pour celle de ses travailleurs, et la facilité de vendre ainsi le vin de première cuvée, le vin tout à fait pur directement obtenu par le seul jus du raisin. La totalité du marc sert ensuite, nous le disions tout à l'heure, à préparer du bon alcool.

Vouloir donc considérer la piquette comme une fraude, c'est interdire cette boisson familiale, la boisson usuelle du propriétaire viticulteur ; c'est se rendre coupable d'une vraie tyrannie envers ses ouvriers, — alors qu'on autorise le débitant à faire le mouillage, alors qu'on permet au négociant la fabrication du *pseudoïnos,* que dis-je ? *la vente du pseudoïnos sous le nom de vin.*

Cependant, dira-t-on, la fabrication de la piquette est une des causes de la mévente si regrettable du vin.

Il n'en est pas ainsi, et il n'en a jamais été ainsi.

On a toujours préparé de la piquette, depuis qu'on emploie le vin et la crise dont souffre actuellement le Midi n'avait jamais existé jusqu'à ces dernières années : c'est que la fabrication frauduleuse du vin n'existait que d'une manière exceptionnelle, tandis que, depuis six ans surtout, les négociants et les débitants se livrent au sucrage et au mouillage, préparent ainsi diverses liqueurs qui sont vendues au peuple sous le nom de vin et livrent au public du *pseudoïnos*.

CHAPITRE V

MESURES A PRENDRE

L'hygiène et la prospérité. — Que la culture de la betterave permette aux agriculteurs du Nord (— d'ailleurs également à ceux du Midi : ils n'ont pas su en profiter jusqu'ici comme ils auraient pu le faire avec le plus grand avantage —) la préparation du sucre dont l'usage direct est si utile pour l'alimentation, les tisanes, le café...

Mais, — de grâce, — qu'il soit défendu de s'en servir pour la préparation du *pseudoinos* et de vendre ensuite ce vil liquide sous le nom de vin !

Autrement, est-ce qu'on ne nuit pas, d'une manière funeste, au peuple qu'on ose empoisonner lentement ? Et quel tort ne fait-on pas au viticulteur qui ne peut vendre sa récolte et court à la ruine ?

Une solution pour le Nord. — L'automobilisme peut solutionner la crise du Midi et prévenir la crise du Nord.

Il faut, pour sauver la viticulture, lui restituer le marché de l'alcool de bouche et appliquer à l'automobilisme l'alcool dénaturé. Or, M. Dion a déclaré, en parfaite connaissance de cause, que l'automobilisme, à lui seul, peut absorber annuellement deux millions d'hectolitres d'alcool : c'est déjà plus que n'en produit le Nord. Mais l'éclairage et la force motrice industrielle peuvent en absorber autant : le Nord pourrait dès lors doubler sa production.

Que faut-il pour obtenir ce beau résultat ?

Il faut : 1° donner une prime à la dénaturation suffisante, pour rendre le prix de l'alcool inférieur à celui du pétrole et de l'essence de pétrole. La prime sera offerte par la viticulture : elle laissera relever le droit de circulation pour en faire les frais, pourvu que le marché de l'alcool de bouche lui soit restitué, ce qui représente, pour elle, un débouché de vingt-cinq millions d'hectolitres de vin : n'est-ce pas le salut ?

Il faut : 2° établir la loi de cadenas sur les pétroles, ou bien un droit intérieur de circulation à échelle mobile, empêchant toute velléité de concurrence du pétrole.

Décisions à prendre. — M. Gauthier (de l'Aude) a émis une bonne proposition ; il demande la double collaboration de la régie et du parquet, dans les affaires relatives aux fraudes des vins : les fraudeurs, poursuivis à la fois par le fisc et par la justice, ne pourraient point échapper aux sanctions pénales. Il a déposé, le 5 juillet, un projet de loi autorisant le maintien des fraudeurs en prison préventive au delà du délai de cinq jours actuellement prévu, jusqu'à leur comparution devant les tribunaux quand la peine à encourir ne dépasse pas deux ans de prison.

Pour encourager la distribution du *vin naturel,* il faut : 1° accorder des primes à la distillation du vin ; mais, 2° faire une réglementation du privilège des bouilleurs de cru. — Il faut exiger la déclaration du volume comme celle du degré ; elle préviendrait la fraude d'une manière efficace. De plus, elle rendrait réalisable l'inscription, à la fois *au volume et au degré,* des vins, sur les acquits ou les congés qui les accompagnent et les suivent, depuis le producteur jusqu'au débitant et jusqu'au consommateur. Enfin, elle permettrait l'affichage comparatif, par le débitant, du degré des vins qu'il reçoit et de celui des vins qu'il met en vente. — Pourquoi donc cette double déclaration, du volume et du degré, n'est-elle pas exigée par la loi ? Et pourquoi l'*interdiction générale et complète de la fabrication des vins de sucre* (ou du **pseudoinos**) n'est-elle pas promulguée ?

A cette double déclaration (volume et degré), il faut joindre la déclaration de production chez les acheteurs ou détenteurs de vendanges et la déclaration d'expédition des marcs de raisins, des lies sèches et des levures alcooliques. Si ces diverses mesures sont strictement appliquées, si les infractions sont sévèrement supprimées, le *mouillage des vins* sera certainement empêché dans une large mesure.

Et puisque les apéritifs, les poisons, comme la pseudo-absinthe et d'autres liqueurs frelatées, sont l'une des causes de la mévente du bon vin, ne convient-il pas que toutes ces liqueurs soient prohibées ? Par là, on rendra un véritable service à la viticulture et à la race française, bien menacée dans ses forces vives par le développement de l'alcoolisme. *Il faut donc au plus tôt* **limiter le nombre de débits de boissons.**

Voilà pour le territoire français proprement dit : il faut s'occuper aussi des colonies, de l'étranger. M. É. Rey dit avec raison :

« Ce qu'il faudrait, c'est avant tout protéger les vins français contre la production coloniale. Il ne faut pas oublier, en effet, que l'Algérie produit aujourd'hui *plus de huit millions d'hectolitres*. — C'est ensuite de taxer les vins étrangers : notre exportation à nous n'atteint pas deux millions d'hectolitres ! — C'est enfin, de favoriser l'écoulement de nos vins dans nos provinces du Nord et l'Est. »

Devoir actuel *du gouvernement*. — Le devoir du gouvernement, c'est 1° de réprimer la fraude où elle se produit :

Chez le propriétaire, en ne lui permettant que le vin de première cuvée pour la vente et celui de seconde cuvée (ou la piquette) pour la quantité nécessaire à la consommation familiale ;

Chez le négociant, par l'interdiction absolue de fabriquer du vin quel qu'il soit ;

Chez le débitant, par la complète interdiction *du mouillage,* par la prohibition du mélange du vin avec tout autre liquide.

C'est, 2° d'autoriser, si on le juge opportun, ceux qui voudraient le fabriquer, à préparer du vin de ménage, ou du *pseudoinos*, et à le *vendre sous son vrai nom,* jamais sous le nom de vin.

CHAPITRE VI

PRÉVISIONS POUR L'AVENIR

M. Henri Joly, dans *l'Univers* du 28 juin dernier, posait ces quatre questions :

« Les gens de l'Aude et de l'Hérault ont-ils vraiment arraché trop d'oliviers, et trop d'amandiers, trop de poiriers et d'arbres de toute espèce ? Ont-ils planté trop de vignes ? Se sont-ils trompés gravement sur la nature des plants à cultiver ? Sont-ils en partie responsables d'un accroissement artificiel de la récolte ? »

A tout cela, j'ai deux réponses à faire : l'une est tirée de l'histoire, l'autre du Sénat.

Que faisait-on en Chine dix siècles avant Jésus-Christ ? Le voici :

« *D'après les documents historiques réunis par* Ma-touan-lin, *dans sa section de la condition des terres, dès le temps des* Hia *et des* Chang, *le riz était cultivé* dans la vallée inférieure *du fleuve Jaune, au moyen d'irrigations naturelles ou artificielles.* Sur les points élevés, *dans les régions montagneuses plus froides, au nord de la vallée, on cultivait comme aujourd'hui du blé et une espèce de gros millet. On récoltait aussi de la soie par des éducations de vers domestiques ou sauvages.*

« *Les familles de cultivateurs étaient groupées par neuf dans un espace de terrain limité ; elles devaient remettre, au percepteur du prince, le dixième du produit brut des grains récoltés. Ce dixième des grains, plus une certaine quantité de soie, et l'obligation de service pour des travaux d'utilité générale ou pour la guerre, constituaient les charges des colons.* »

Ce dernier alinéa nous le montre : en Chine, les impôts étaient payés en nature et *la dîme* était toujours proportionnée aux récoltes ; si les viticulteurs du Midi pouvaient maintenant acquitter leurs impôts en cédant la dîme de leur vin, ils n'auraient pas à repousser les percepteurs et seraient moins malheureux.

Par le premier paragraphe, nous voyons que les Princes chinois avaient su approprier les cultures aux terrains eux-mêmes : *sur les points* un peu élevés, on cultivait le blé, le millet : auprès de l'eau, *dans la vallée inférieure* du fleuve Jaune, on récoltait le riz.

N'avons-nous pas à imiter ces mesures ? C'est l'avis de M. E. Rey, sénateur du Lot.

« Ah ! dit-il, si l'on pouvait faire boire le vin aux Normands et aux habitants de la vallée de la Meuse !

« Comme cela me paraît difficile, j'en arrive à croire que le remède le plus efficace serait de moins planter. Que l'Hérault et l'Aude fassent comme nous ! Qu'ils abandonnent la monoculture et tout sera sauvé ! »

Les mesures si sages prises par les Chinois, il y a trente siècles, et indiquées aujourd'hui par M. Rey, n'ont été ni prises, ni même habilement conseillées soit en Europe, soit seulement en France, par les Monarques ou par les Présidents de République ; le peuple est chez nous complètement libre de préparer les récoltes qu'il préfère dans les propriétés qu'il possède ou cultive.

L'heure n'est-elle pas venue d'inciter les possesseurs de la féconde Salanque (Pyrénées-Orientales) à la culture du blé, des artichauts, de la fraise et des asperges ? — A eux d'y réfléchir sérieusement.

De même, les riverains de l'*Aude*, — depuis Lézignan jusqu'à la mer, ne pourraient-ils pas très avantageusement cultiver autre chose que la vigne ? Ceux de l'*Orb,* depuis Béziers jusqu'à la Méditerranée ; ceux de l'Hérault, de Pézenas ou de Montagnac à la mer ; sur toute la côte maritime, jusqu'à plusieurs kilomètres dans le Continent, n'auraient-ils pas souvent à choisir une autre culture ? — A eux de l'examiner !

Sans doute aucun, il n'y a pas à craindre la surproduction ; le Président de la commission chargée d'examiner la loi, disait le 28 juin au Sénat :

« Il suffit de prendre globalement la production annuelle de ces dernières années, en remontant jusqu'en 1900, pour constater que la production naturelle est au-dessous de la consommation habituelle ; par conséquent, il n'est pas vrai de dire que la crise vient de la *surproduction naturelle.* »

Mais n'est-il pas bon, voire même presque nécessaire, de prévoir les effets d'une guerre ? On ne peut vivre avec du vin ! Ne faut-il pas redouter une mauvaise récolte, et jusqu'à la destruction de la vendange, par le vent, par la pluie, par la grêle ? — Il est utile, en ces cas, de remplacer les raisins par le pâturage, le blé, les fruits...

Je l'avoue : à l'heure présente, on ne peut demander une transformation immédiate ; on n'a pas de quoi se nourrir, il faut donc en trouver sans retard le moyen vraiment efficace et prompt. Plus tard, quand on aura du superflu, il sera possible de choisir d'autres cultures.

ENCORE DEUX OBSERVATIONS

I. — La fraude, l'escroquerie, l'empoisonnement : telle est la principale application de la science *sans Dieu ni Maître.*

La prétendue science du temps actuel, la fausse science des libres penseurs, le seul *Credo* des politiciens et des fabricants de poisons, ne cesse pas de soutenir, de propager et de pratiquer la fraude qui triomphe, qui vole, et qui tue.

Ce sont les libres penseurs, les athées, les matérialistes de profession qui proclament la banqueroute de la science contemporaine.

Pourquoi donc se plaindrait-on, dit M. Jules Delahaye « que nous doutions surtout de leur propre foi dans la science, après avoir lu, dans les œuvres législatives et parlementaires cette prière de la Démocratie qui a remplacé le *Pater noster* :

« République, notre mère, qui n'êtes pas dans les cieux, *donnez-nous* notre pain quotidien mais sans talc et sans plâtre, — *notre vin de chaque jour*, mais sans acide sulfurique ni tartrique, — et s'il est possible, tout le reste sans verre pilé ni poison. »

Nous n'en doutons pas, certes ! et nous soutenons, avec toute la certitude que peuvent nous donner — et les faits de l'histoire dans le monde entier, — et la foi dans la conscience de l'homme vraiment religieux et bien consciencieux, — et la loyauté du citoyen qui veut s'assurer un bénéfice légitime, repousse courageusement toute espèce de gain produit par la fraude, est justement indigné contre les manœuvres de ceux qui s'enrichissent par le vol du peuple et son empoisonnement (1), — nous soutenons,

(1) « Les viticulteurs, écrit M. Maurice Leclerq (*), s'en prenaient à Paris, au Nord, et à l'ensemble du reste de la France, de leur misère. Mais ce sentiment n'eût été vraiment séparatiste que si dans ces imprécations de haine, ils avaient entendu désigner, par ces termes, les mêmes choses que nous avons coutume ordinairement de leur voir représenter. »

Mais c'était une confusion de mots ; leurs expressions n'ont pas le même sens, — et sous le soleil du Midi — et sous le ciel brumeux du Nord. Depuis bien longtemps, le Midi conservait l'heureux souvenir de l'immense prospérité, de la grande richesse, du bien-être si consolant, précédemment goûté sous l'Empire, à la

(*) *Autorité* du 19 juillet 1907.

dis-je, que le remède à ce mal (et à bien d'autres), c'est le retour au vrai *Pater*, la pratique efficace du Décalogue et de son septième précepte, aux actes religieux du catholicisme, au consolant amour de Dieu !

II. — Avec le septième commandement du Décalogue, il faut aussi, pour le bien de la Société, observer le quatrième : les Supérieurs

suite de beaux résultats immédiatement produits par *les progrès du libre-échange*, le Midi unissait ces avantages et le gouvernement ; le Midi vivait de politique, aussi, ne sut-il pas, au début, faire la distinction entre les hommes politiques et le pays qu'ils ont la prétention de représenter officiellement.

« Pour eux, quand ils accusaient le Nord, ajoute M. Leclercq, de les opprimer, c'est le sucre le sucrage qu'ils visaient ; quand ils reprochaient à Paris et à la France de négliger de secourir leur misère, de ne pas s'occuper d'eux, c'étaient les ministres et les parlementaires qu'ils voulaient désigner.

« Et ceci n'est pas chez eux une stupide substitution des mots : il y avait confusion réelle. De nuance radicale-socialiste en grande majorité, ayant en majorité les représentants de leurs régions et de leurs idées, parmi les hommes du pouvoir, l'idée ne leur était pas venue de croire que ceux-ci ne représentaient rien. De bonne foi, ils croyaient que ceux-ci incarnaient la France. Et comme ils se plaignaient d'eux avec juste raison, ils croyaient devoir du même coup répudier Paris et la France entière...

« Mais, au moment des massacres de Narbonne, *la fâcheuse équivoque* se dissipa. La France entière et les journaux de Paris répudiaient et flétrissaient les fraudeurs et les protections dont ils jouissaient ; les journaux soulignaient dans quelle condition, lors du vote qui a suivi la discussion des deux projets de loi, nos parlementaires de la Chambre avaient trahi, vis-à-vis du Midi, leurs devoirs de solidarité française.... » Ainsi, « les gens du pouvoir n'étaient pas le pays, ne représentaient pas la France...

« Et ce fut un changement à vue dans le Midi viticole... et bien des barrières tombèrent... » Ils n'étaient séparatistes que ont des devoirs à remplir envers leurs Inférieurs, les Gouvernants envers les citoyens gouvernés. Nos Ministres les accomplissent-ils ?

Si les vignobles du Midi produisaient plus aujourd'hui qu'aux jours malheureux du néfaste phylloxéra ; si les viticulteurs de l'Aude, de l'Hérault et des Pyrénées-Orientales ont planté de nouvelles vignes en quantité trop grande ; si l'Algérie et la Tunisie font à nos départements méridionaux une concurrence redoutable ; il ne fallait pas oublier ce grand principe : *gouverner, c'est prévoir.* Par les statistiques officielles journellement dressées à l'usage des Gouvernants, par les rapports des préfets et des inspecteurs

« des politiciens qui gouvernent aujourd'hui la France aux rebours de ses véritables intérêts. »

— De son côté, **M. Brousse** a écrit : « Ce n'est pas seulement dans le Midi, c'est au Nord, à l'Est, à l'Ouest, que la science fabrique des vins *sans* raisins et des cidres sans pommes.

« C'est partout que les fonctionnaires de la République rassurent les fraudeurs et leur disent : « Le gouvernement trouve cela excellent ; car il a besoin d'argent. »

« C'est partout que les agents du fisc leur répètent : « Je suis un collecteur d'impôts ; je ne puis raisonnablement me plaindre de percevoir des droits par l'eau mise en circulation. »

« Un homme d'une compétence universellement reconnue, **M. Mathieu,** *directeur de la station œnologique de Beaune, ajoute* **M. Brousse,** a signalé, à la commission d'enquête viticole, la fabrication, depuis l'abaissement des droits sur le sucre (1903), de boissons alcooliques, de boissons factices, *avec des feuilles de tilleul, du tanin, des levures et de l'acide tartrique...* La science fiscale et la science chimique se sont entendues pour donner à ces mixtures le nom innocent de **boissons familiales...** Et, dans les trois quarts de la France, la fraude peut s'opérer impunément. »

d'agriculture, les Ministres ne devaient rien ignorer de la crise qui se préparait depuis vingt-cinq ans, de la terrible mévente qui approchait d'année en année. Pourquoi donc n'a-t-on pas ouvert de nouveaux débouchés aux vins du Midi? Pourquoi n'ont-ils pas ainsi diminué, ou même complètement supprimé la crise qui s'annonçait imminente?

Les traités de commerce, la politique économique des nations a-t-elle un autre objet? Oui, le vrai rôle d'un gouvernement sage, quand la production nationale augmente dans une branche quelconque de l'industrie, c'est de lui créer de nouveaux débouchés, même à l'avance. Et l'Angleterre, depuis deux cents ans, ne manque pas à ce devoir, elle pousse, guidée par ce motif, l'Allemagne à son extension d'un impérialisme naissant; ce devoir dirige le Japon dans les mesures qu'il prend pour favoriser ses sujets par leur immigration dans la Corée, dans l'Amérique et... dans les Indes...

C'est donc aussi le devoir auquel ont manqué, mais que doivent accomplir, la République et ses Ministres à l'égard de la viticulture méridionale.

Juillet 1907. C. L. de Casamajor.

Table des Matières.

Pages

1287-07. — Imp. des Orph.-Appr., F. BLÉTIT, 40, rue La Fontaine, Paris.

www.ingramcontent.com/pod-product-compliance
Lightning Source LLC
LaVergne TN
LVHW050500160826
845677LV00003B/862

* 9 7 8 2 3 2 9 6 6 5 2 5 2 *